阅读
无障碍本

孝经·二十四孝

古典名著犹如世代相传的火种，它点亮了人类的智慧和情感。古典名著阅读无障碍本，是通过我们对古典名著的解读、注音、注释、翻译等，让广大的一般读者在阅读过程中，减少一些学习古代经典的障碍，让其在较短的时间里穿透深邃的历史时空，和古人的心灵相接、相励！

喻岳衡 喻涵 译注

岳麓書社·长沙

图书在版编目(CIP)数据

孝经·二十四孝/喻岳衡　喻涵　译注.—长沙:岳麓书社,2012.12(2022.10 重印)

(古典名著阅读无障碍本)

ISBN 978-7-5538-0012-7

Ⅰ.①孝…　Ⅱ.①喻…②喻…　Ⅲ.①孝—中国—古代　Ⅳ.①B823.1

中国版本图书馆 CIP 数据核字(2012)第 273932 号

XIAOJING ERSHISIXIAO

孝经·二十四孝

译　　注:喻岳衡　喻　涵

责任编辑:彭卫才

封面设计:吴颖辉

责任校对:舒　舍

岳麓书社出版发行

地址:湖南省长沙市爱民路 47 号

直销电话:0731-88804152　0731-88885616

邮编:410006

版次:2012 年 12 月第 1 版

印次:2022 年 10 月第 6 次印刷

开本:890mm×1240mm　1/32

印张:4.25

字数:64 千字

印数:29 001—32 000

ISBN 978-7-5538-0012-7

定价:19.80 元

承印:廊坊市博林印务有限公司

目　录

孝经

二十四孝原本

二十四孝别录

导 言

报载湖南有一位年方九岁的三年级学生郑雯馨，当着众多人的面，竟一口气背完《弟子规》《孝经》和《中庸》，而且一字不漏。背诵这些书是她母亲的主意，目的是为了提高她的记忆力。让小学生背诵这些书利弊如何，尚有待探索，但在封建时代，作为儒家经典著作十三经中的《孝经》，是儒生必读的。虽然“四书五经”中没有收入《孝经》，但却受到历代很多帝王的重视，有的还亲自作注，如梁武帝有《孝经义疏》，唐玄宗、清顺治帝有《孝经注》，而其他经典则少有皇帝作注的。

孔子把孝道提到了前所未有的高度，他说：“夫孝，德之本也，教之所由生也。”认为孝是一切道德的根本，一切教化都由它而生。“身体发肤，受之父母”，每个人都是托体父母来到人间的，又依靠父母的养育成长，至于成人。是父母给予了每个人的生命，孝养父母是天经地义的，孝是一切道德的根本，这话没错。儒家讲孝，还有更为丰富的内容，“夫孝，始于事亲，中于事君，终于立身”。从奉事父母开始，到奉事君主，为国尽力，最后到立身处世，遵行道义，名扬后世。

为什么说孝是道德的根本呢?《孝经·天子章》说：“爱敬尽于事亲，而德教加于百姓。”一个孝顺父母的皇帝，对百姓也能施仁政。二十四孝中，把亲尝汤药的汉文帝列为第二，而汉文帝即位后也确实能行德政，一切措施从百姓的利益出发，以利于百姓的安居乐业为准则；相反，弑父自立的隋炀帝，对百姓则残暴不仁，终于亡国。

皇帝如此，其他人呢？明代杨起元在其所作《孝经序》中说："以之事君则忠，以之事长则顺，以之事天地则仁。"孔子说："其为人也孝弟，而好犯上者鲜矣。"所谓"忠臣出于孝子之门"，这也是历代统治者大力提倡孝道的重要原因。但我们也看到，很多讲孝道的人，为官大多清正。本书中"登第不仕"的包拯就是一例。在戏曲《铡包勉》中，说包拯父母早死，由嫂嫂抚养成人。其实他在二十八岁中进士后，朝廷就要他去做县令，他不就任，在家侍奉双亲；父母去世后，他又守庐墓达十年之久，直到四十岁时才出为天长县知县。他是有名的清官。书中"私祭木主"的明代大臣杨士奇又是一例，他官至大学士、兵部尚书，为官关心民生疾苦，清廉律己，宽厚待人。书中所收孝子故事，这些人都为人方正，淡于名利，作为平民百姓则为乡里善人。而一个不孝之子，则决不能成为一个有道德的人。因此，把孝作为一个人道德品质的重要标准是有道理的。

正因为如此，历代都表彰孝行，常见于正史。《后汉书·列女传》就有孝女曹娥、孝女叔先雄和孝媳姜诗妻传，本书《二十四孝》中的《涌泉跃鲤》，即取自姜诗妻庞氏孝顺婆婆的故事。《晋书》有《孝友传》，本书《二十四孝别录》中的《邻里罢社》即取自本书的《王裒传》。以后史书，如《南史》有《孝义》，《北史》有《孝行》，其他各史，或称"孝义"，或称"孝友"，只有个别史书如《辽史》未列专章。

关于二十四孝的故事，各书所载不尽相同。本书取自清代道光年间刊行的《孝行录》一书。据书中石韫玉的序言说："世传《二十四孝》一书，不知何人所著，凡采取子史所载孝行二十四则集为一编，向时乡塾都有之，今高君月槎复别录二十四事以广之，又每事系之一诗，以致其长言咏叹之意。”是知此书曾为乡塾蒙学书，而《别录》则为高月槎所辑，诗也是他写的。在他本《二十四孝》中，则有《上书救父》《阙下林家》《爱屋及乌》《遥献蔬果》《构屋奉母》《乞饭侍母》《聚银葬母》等篇，而本书中有些篇不载。其中《上书救父》是述少女缇萦上书救父的故事，见于《汉书》，《阙下林家》述唐代林攒孝顺母亲的故事，朝廷诏作二阙于其母墓前，故称“阙下林家”。有些故事出处不详。是知《二十四孝》有多种版本。

《孝经》和《二十四孝》对孝道的宣扬，对形成中华民族尊老爱幼的伦理观念与今天仍然提倡的老有所养、老有所为、老有所乐的传统美德，起到了积极的作用。生老病死是任何人都不能回避的生命历程，孝道也就是构建和谐社会必不可少的美德。但过分强调惟父母、君主之命是从的愚忠愚孝则不可取，所谓“天下无不是的父母”是不正确的。任何人都有独立人格，应该有自主创新意识、创新精神，否则就只能导致因循守旧，做精神奴隶，这是万万不可的。历代史书中的孝行传和《二十四孝》中有不少天人感应、神明感应的故事，如《涌泉跃鲤》《哭竹生笋》《乌助成坟》等，都属虚妄不经；有些孝子故事背离了科学和人的正常心理生理状态与承受力，如《卧冰求鲤》《戏彩娱亲》，是一种心理的扭曲。更有所谓“为母埋儿”，更是泯灭天性、残杀无辜的罪恶行径，有何孝之可言！《晋书·孝友》前言中有“郭巨致锡金之庆”的句子，说明还确有其事，这是一种吃人的孝道。《晋书》中有孝子刘殷夜梦神人对他说“西篱下有粟”，寤而掘之，果得粟，铭曰“七年粟百石，以赐孝子刘殷”。这些故事都是违背科学的，只能作为神话传说故事看待。《卖身葬父》的故事演变为今天的《天仙配》，大家对董永卖身、仙女下凡、槐树开口、一夜织成百匹绫绢已经认可，但又知道那是虚构的故事。

前面说过，《二十四孝》不知何人所作，关于《孝经》的作者也有几种说法。《史记·仲尼弟子列传》称：“曾参，南武城人……孔子以为能通孝道，故授之业。作《孝经》。”明确是曾参所作，但《孝经》上明明说：“仲尼居，曾子侍。”曾子不会自称为“曾子”，因此从内容上看，应是由曾参的学生编成的。南宋朱熹在《孝经刊误》中指出，《孝经》是“夫子曾子问答之言，而曾氏门人所记”，与内容相符合。

《孝经》版本，有今文和古文两种本子。西汉初河间人颜贞所献其父秘藏的《孝经》是用汉隶书写的，称《今文孝经》；汉武帝时鲁恭王拆所居孔子旧宅发现的《孝经》，是用蝌蚪文字写的，称《古文孝经》。直到唐初，两种本子并行于世，唐玄宗博采各家，为《今文孝经》作注，后加修订，于天宝二年刻石于太学，称《石台孝经》。这部石经为隶书，书法工整秀美，前有玄宗写的序，此碑现存于西安碑亭的“孝经亭”内。到宋真宗时，邢昺等奉敕据“石台本”作“正义”，这就是收入《十三经注疏》中的《孝经注疏》。我们这次译注所用的原文底本，就是这个通行本。

在十三经中，《孝经》比较浅近易懂，《二十四孝》则常作蒙学书供儿童习诵，因此我们将二书及《劝孝格言》收入“古典名著阅读无障碍本”出版，供读者研究参考及诵习之用，吸取其修养身心、尊老爱幼、与人为善等思想观点，扬弃其愚忠愚孝等消极因素，这对建设和谐社会，团结人民，教育后一代忠于国家民族，忠于职守等，无疑是十分有益的。这也是我们奉献这本小书的希望所在。

喻岳衡

孝经

开宗明义章第一①

仲尼居②，曾子侍③。子曰："先王有至德要道，以顺天下。民用和睦，上下无怨。汝知之乎④？"曾子避席曰⑤："参不敏，何足以知之？"

子曰："夫孝，德之本也，教之所由生也。复坐，吾语汝。身体发肤，受之父母，不敢毁伤，孝之始也。立身行道，扬名于后世，以显父母，孝之终也。夫孝，始于事亲，中于事君，终于立身。《大雅》⑥云：'无念尔祖，聿修厥德⑦。'"

注释

①开宗明义：开篇阐述其主要宗旨和义理。

②仲尼居：仲尼，孔子字。孔子（前551—前479），名丘，春秋末期著名的思想家、教育家，儒家的创始人。居，闲居。

③曾子侍：曾子，孔子弟子，姓曾，名参，字子舆，南武城人，少孔子四十六岁。孔子以他能通孝道，给他讲有关"孝"的道理。他作《孝经》，死于鲁。侍，侍坐。

④汝：你。原本作"女"。下同。

⑤避席：离开座位站起来，表示尊敬。

⑥《大雅》：《诗经》的一个组成部分，反映西周王朝重大政治措施或事件的诗歌。

⑦无念尔祖，聿修厥德：《诗经·大雅·文王》中的诗句。无，通"勿"，无念即勿忘。聿，发声助词。厥，其。全句意为：勿忘先祖，述修其德。

译文

孔子闲居，曾子陪侍。孔子说："先王有一种最高尚的道德和重要的思想，以此使天下人心归顺，百姓和睦，君臣上下没有怨恨和不满，你知道那是什么道德和思想么？"曾子离开座席站到一边说："我曾参不聪明，怎么会知道呢？"

孔子说："孝道是道德的根本，一切教化都由孝道产生，你再坐下吧，我告诉你。一个人的身体、毛发、皮肤，都是从父母那里接受来的，不敢损坏毁伤，这就是行孝的开始。立身处世，遵行道义，名扬后世，使父母显赫荣耀，这是孝的最终目标。孝道，从侍奉父母开始，然后奉事君主，终于立身天地，显亲扬名。《诗经·大雅》上说：'不要忘记你的祖先，要宣扬发展他们的美德。'"

天子章第二[①]

子曰："爱亲者，不敢恶于人[②]；敬亲者，不敢慢于人[③]。爱、敬尽于事亲，而德教加于百姓，刑于四海[④]，盖天子之孝也。《甫刑》云：'一人有庆，兆民赖之[⑤]。'"

注释

①天子章：此章以下至于庶人，都说的是行孝奉亲之事，天子至尊，故标居首章。

②恶：厌恶，憎恨。

③慢：怠慢，轻侮。

④刑：通"型"，典型，榜样。

⑤《甫刑》：《尚书》篇名，又名《吕刑》。庆：善，美德。

译文

孔子说："爱自己父母的人，就不会厌恶别人的父母；敬重自己父母的人，就不会侮慢别人的父母。天子能尽力爱敬侍奉父母，而把道德教化加于百姓，他就能成为天下百姓效法的典范，这就是天子的孝道。所以《甫刑》篇说：'天子有了美好的德行，天下亿万臣民都赖以得到幸福。'"

诸侯章第三[1]

"在上不骄，高而不危；制节谨度[2]，满而不溢。高而不危，所以长守贵也；满而不溢，所以长守富也。富贵不离其身，然后能保其社稷，而和其民人，盖诸侯之孝也。《诗》云：'战战兢兢，如临深渊，如履薄冰[3]。'"

注释

①诸侯章：诸侯臣属于周天子，孔子针对他们的身份讲孝道。

②制节谨度：节制费用，遵守法度。

③诗句出自《诗经·小雅·小旻》。战战兢兢，意为恐惧发抖，小心谨慎。

译文

"身居上位却不骄纵，地位虽高也没有什么危险；节制费用，遵守法度，财富虽充盈也不会溢出来。地位高却不危险，就能长久保持高贵的地位；财富充盈却不溢出，就能长久保持富足。自身能长久保持富贵，才能保有自己的国家，使人民和平安定，这就是诸侯的孝道。《诗经》说：‘要小心谨慎，有危机感，就像面临着深渊，像行走在薄冰上。’”

卿大夫章第四①

“非先王之法服不敢服②，非先王之法言不敢道③，非先王之德行不敢行。是故非法不言，非道不行；口无择言，身无择行④。言满天下无口过，行满天下无怨恶。三者备矣，然后能守其宗庙。盖卿大夫之孝也。《诗》云：‘夙夜匪懈，以事一人⑤。’”

注释

①卿大夫章：周王朝与各诸侯国都有卿大夫一职，职位次于诸侯，故排其后。

②法服：符合先王礼法规定的服饰。

③法言：符合先王礼法的言语。

④口无择言二句：言行都遵守礼法，所以无可选择。

⑤诗句出自《诗经·大雅·烝民》。夙，早。匪，不。

译文

“不符合先王礼法规定的服饰，不敢穿戴；不符合先王礼法规定的言语，不敢说；不符合先王规定的道德准则，不敢做。口不说自以为是的话，身不做自以为是的事。言语传遍天下，却没有错处；走遍天下，不招致怨恶。服饰、言语、行为三者都完美无缺，然后才能守住自己的宗庙，保持爵位。这就是卿大夫的孝道。《诗经》上说：‘早晨晚上都不要懈怠，尽心尽力地奉事君王。’”

士章第五①

“资于事父以事母而爱同②；资于事父以事君而敬同。故母取其爱，而君取其敬，兼之者父也。故以孝事君则忠，以敬事长则顺。忠顺不失，以事其上，然后能保其禄位③，而守其祭祀，盖士之孝也。《诗》云：‘夙兴夜寐，无忝尔所生④。’”

注释

①士章：士之位次于卿大夫，故置其后。

②资：资取。

③禄位：俸禄，爵位。

④诗句出自《诗经·小雅·小宛》。忝：辱没。尔所生：生你的人。

译文

“用侍奉父亲的爱心去侍奉母亲，这种爱心是相同的；用侍奉父亲的敬意去侍奉君主，这种敬意也是相同的。因此母亲取得爱，君主取得敬，而同时取得爱和敬的人则是父亲。所以，用孝道去奉事君主就会忠，用敬意去奉事长辈就会顺从，忠与顺都做到，去奉事君主或上级，就能保住自己的俸禄和爵位，祭祀自己的祖先，这就是士的孝道。《诗经》说：‘早起晚睡，不要辱没生养你的父母。'"

庶人章第六[①]

"用天之道[②]，分地之利[③]，谨身节用，以养父母，此庶人之孝也。故自天子至于庶人，孝无终始，而患不及者，未之有也。"

注释

①庶人：众人，平民百姓。

②用天之道：顺应自然变化的法则。

③分地之利：分别土地性质、高下，随宜播种，享地之利。

译文

"顺应自然变化的法则，分别土地性质得地之利，立身谨慎，用钱节约，以此奉养父母，这就是平民百姓的孝道。所以从天子到平民百姓，不自始至终行孝道而不遇到祸患，是从来没有过的。"

三才章第七[①]

曾子曰："甚哉！孝之大也。"

子曰："夫孝，天之经也[②]，地之义也[③]，民之行也[④]。天地之经，而民是则之。则天之明，因地之利，以顺天下。是以其教不肃而成，其政不严而治。先王见教之可以化民也，是故先之以博爱，而民莫遗其亲；陈之于德义，而民兴行；先之以敬让，而民不争；导之以礼乐，而民和睦；示之以好恶，而民知禁。《诗》云：‘赫赫师尹，民具尔瞻[⑤]。’”

注释

①三才：指天、地、人。

②经：规律，法则。

③义：合理的。

④行：行为准则。

⑤诗句出自《诗经·小雅·节南山》。赫赫，显赫。师，太师。师尹，太师尹氏。具，通俱。

译文

曾子说：“太伟大了！孝道是多么博大精深啊！”孔子说：“孝道如同天上日月星辰的永恒运行，地上万物的滋长化育，是人的行为准则。天地的永恒法则，人把它作为自身行为的标准，君主效法天的以光明普照万物，地的滋育万物生长，来治理天下，因此教化虽不严厉却可以取得成功，政令不严却可使天下大治。先王看到教化可以感化人心风俗，所以首先提倡博爱，于是百姓没有人遗弃他们的父母；宣讲德义，百姓就去遵行；用恭敬谦让去引导，百姓就不争夺；用礼仪和音乐去引导他们，百姓就和睦相处；用赏罚使他们明白好坏，百姓就知道哪些是违禁的。《诗经》上说：‘威严显赫的尹太师啊，百姓都在仰望效法你啊！’”

孝治章第八[1]

子曰："昔者明王之以孝治天下也，不敢遗小国之臣，而况于公侯伯子男乎[2]？故得万国之欢心，以事其先王。治国者，不敢侮于鳏寡[3]，而况于士民乎？故得百姓之欢心，以事其先君。治家者，不敢失于臣妾，而况于妻子乎？故得人之欢心，以事其亲。夫然，故生则亲安之，祭则鬼享之。是以天下和平，灾害不生，祸乱不作，故明王之以孝治天下也如此。《诗》云：'有觉德行，四国顺之[4]。'"

注释

①孝治：以孝道治理天下。

②公侯伯子男：周代分封诸侯的五等爵位。

③鳏寡：鳏，老而无妻。寡，老而无夫。

④诗句出自《诗经·大雅·抑》。

译文

孔子说："从前圣明的帝王用孝道治理天下，不敢遗弃小国的臣仆，何况对公、侯、伯、子、男这样一些爵位的诸侯，所以能取得各诸侯国的欢心，以奉事他们的先王。用孝道治理一个诸侯国的人，对鳏夫寡妇也不敢怠慢，何况对士人和普通百姓呢？所以能够取得百姓的欢心，以奉事他们的先君。用孝道治理家庭的人，对臣仆和侍妾都不敢失礼，何况对妻子和儿女呢？所以能够得到家人的欢心，从而奉事好他们的父母。因为这样，父母生前能过安乐生活，死后能享受后人的祭祀。因此，天下和平，没有灾害发生，没有祸乱兴起，圣明帝王以孝道治理天下就是这样。《诗经》上说：‘君王只要有高尚的德行，四方的诸侯国就都会归顺他。’”

圣治章第九[①]

曾子曰：“敢问圣人之德，无以加于孝乎？”

子曰：“天地之性，人为贵。人之行，莫大于孝。孝莫大于严父[②]，严父莫大于配天[③]，则周公其人也。昔者周公郊祀后稷以配天；宗祀文王于明堂[④]，以配上帝。是以四海之内，各以其职来祭[⑤]。

“夫圣人之德，又何以加于孝乎？故亲生之膝下[⑥]，以养父母日严，圣人因严以教敬，因亲以教爱。圣人之教不肃而成，其政不严而治，其所因者本也。

“父子之道，天性也，君臣之义也。父母生之，续莫大焉[⑦]；君亲临之，厚莫重焉。故不爱其亲而爱他人者，谓之悖德；不敬其亲而敬他人者，谓之悖礼。以顺则逆，民无则焉；不在于善，而皆在于凶德，虽得之，君子不贵也。君子则不然，言思可道，行思可乐，德义可尊，作事可法，容止可观，进退可度，以临其民。是以其民畏而爱之，则而象之，故能成其德教，而行其政令。《诗》云：‘淑人君子，其仪不忒[⑧]。’”

注释

①圣治章：阐述圣人以孝治天下。

②严父：尊崇父亲。

③配天：祭天时以祖先配享。

④明堂：古代帝王宣明政教，举行朝会、祭祀、庆赏等大典的地方。

⑤各以其职来祭：诸侯各按职责进贡方物助祭。

⑥亲生之膝下：对父母的亲爱源于幼年时相依父母膝下。

⑦续：继承，子女对父母生命、宗祧的继承。

⑧诗句出自《诗经·曹风·鸤鸠》。淑：美，善。忒：错差。

译文

曾子说："我冒昧地请问：在圣人的德行中，没有比孝道更大更重要的吗？"

孔子回答说："天地万物之中，人是最尊贵的，而在人的德行中，没有比孝道更大的。行孝，最重要的是敬重父亲，没有比在祭天时，将祖先配祀上天更为重大的了。周公就是这样做的。从前，周公在郊外祭天，就以始祖后稷配享；在明堂中祭祀天帝，又以父亲周文王配享。因此四海之内，各诸侯国都按各自的职分来助祭。

"圣人的道德中，又有什么比孝更为重要的呢？子女对父母的爱，产生于幼年依依膝下的时候，随着年龄的增长，对父母的奉养日益恭谨。圣人顺应子女对父母的爱敬之心，教人尊敬孝顺父母；顺应子女对父亲的亲爱之心，教人对父母要有爱心。圣人教化百姓，不必用什么严厉手段，就会自然取得成效，治理国家，不必用严刑峻法，就能使天下大治，这是因为政教顺应了人的本性。

"父子之间的亲情伦理关系，体现了人的本性，又具有类似君主与臣属之间的义的关系。父母生育子女，没有什么比生命的接续传承更重大的了。父母照管子女，如君主亲临臣民，没有什么比父母恩义更厚重的了。所以说，不爱自己的父母却去爱他人，叫做违背道德；不敬奉自己的父母却去敬奉别人，叫做违背礼义。不顺应天理良心教人孝敬父母，逆理而行，百姓就无所效法了。如果不是立足于行善，身行爱敬，而去施为违反道德礼义的恶行，即使一时得逞，也是君子所鄙弃的。君子就不是这样，君子说话，要考虑到能为人所称道实行；其行为要想到能给人带来快乐；立德行义，使人尊敬；所作所为，使人效法；容貌举止，美观大方；动静进退，符合法度：他们凭着这些去管理国家，亲近百姓。百姓既敬畏而又爱戴他们，并学习仿效他们，所以能成就他的德治教化，推行他的政令。所以《诗经》上说：'善良的君子，其仪表上无偏差。'"

纪孝行章第十

子曰："孝子之事亲也，居则致其敬，养则致其乐，病则致其忧，丧则致其哀，祭则致其严。五者备矣，然后能事亲。

"事亲者，居上不骄，为下不乱，在丑不争[①]。居上而骄则亡，为下而乱则刑，在丑而争则兵[②]。三者不除，虽日用三牲之养[③]，犹为不孝也。"

注释

①丑：众。

②兵：动用兵器。

③三牲：牛羊猪。

译文

孔子说："孝子侍奉父母，平时在家要尽力做到尊敬，供养要尽力使父母快乐，父母病了要担忧操心，死了要哭泣尽哀，祭祀要庄严肃穆。这五方面都做得周到完备，才称得上是能够奉事父母。

"奉事父母，身居高位不骄纵，居下位不作乱，在众人中不争强斗狠。居上位而骄纵，则会覆亡；居下位而作乱，就会遭受刑罚；处众人中而喜欢争斗，就会动用武器互相残杀。骄、乱、争这三者不戒除，即使每天用牛、羊、猪三牲供养父母，还是对父母不孝。"

五刑章第十一①

子曰："五刑之属三千，而罪莫大于不孝。要君者无上，非圣人者无法，非孝者无亲，此大乱之道也。"

注释

①五刑：指墨（在额上刺字涂墨）、劓（割鼻）、剕（砍断双足）、宫（阉割生殖器）、大辟（死刑），条款三千。

译文

孔子说："五种刑罚的条款三千条，罪行没有比不孝父母更大的。要挟君主的人目中无君上，非难圣人的人目无法纪，不孝的人目无父母，这是造成大乱的根由。"

广要道章第十二[①]

子曰："教民亲爱，莫善于孝；教民礼顺，莫善于悌[②]；移风易俗，莫善于乐；安上治民，莫善于礼。

"礼者，敬而已矣。故敬其父，则子悦；敬其兄，则弟悦；敬其君，则臣悦；敬一人，而千万人悦。所敬者寡，而悦者众。此之谓要道也。"

注释

①广要道：广宣要道，变恶为善。

②悌（tì 涕）：敬爱兄长。

译文

孔子说："教导民众互相亲爱，没有比讲孝道更好的办法；教导民众讲礼节恭顺，没有比讲敬爱兄长更好的办法；转变不良的风俗习惯，没有比通过音乐感化更好的办法；安国家、治百姓，没有比依礼而行更好的办法。

"讲礼，就是尊敬，尊敬一个人的父亲，就会使他的儿子快乐；尊敬一个人的兄长，就会使他的弟弟快乐；尊敬一个国君，就会使他的臣民快乐。所以尊敬一个人，而能使千万人高兴，所尊敬的人少，而感到快乐的人多，这就叫做'要道'。"

广至德章第十三

子曰："君子之教以孝也，非家至而日见之也。教以孝，所以敬天下之为人父者也。教以悌，所以敬天下之为人兄者也。教以臣，所以敬天下之为人君者也。

“《诗》云：‘恺悌君子，民之父母[1]。’非至德，其孰能顺民如此其大者乎？”

注释

①诗句出自《诗经·大雅·泂酌》。泂（jiǒng 炯）：远，深。

译文

孔子说：“君子教民众以孝道，并不是要每家都走到，每天都见面。教人以孝，是为了尊敬天下所有做父亲的人；教人敬爱兄长，是为了尊敬天下所有为人兄长的人；教人为臣之道，是为了尊敬天下所有为人君的人。《诗经》上说：‘和乐平易的君子，是人民的父母。’如果没有孝这种至高无上的德行，怎么能顺应民心到如此广大呢？”

广扬名章第十四[1]

子曰：“君子之事亲孝，故忠可移于君；事兄悌，故顺可移于长；居家理，故治可移于官。是以行成于内，而名立于后世矣！”

注释

①广扬名章：阐述孝悌与立身扬名的关系。

译文

孔子说："君子奉养父母尽孝，所以移到奉事君主能够尽忠；奉事兄长恭敬，所以移到奉事长上能够恭顺；在家能够把家庭治理好，所以移到做官能把百姓治理好。因此，在家内养成了孝悌会治家的美德，就可立身扬名于后世。"

谏诤章第十五[①]

曾子曰："若夫慈爱、恭敬、安亲、扬名，则闻命矣。敢问子从父之令，可谓孝乎？"

子曰："是何言与？是何言与！昔者天子有争臣七人[②]，虽无道，不失其天下；诸侯有争臣五人，虽无道，不失其国；大夫有争臣五人，虽无道，不失其家；士有争友，则身不离于令名[③]；父有争子，则不陷于不义。故当不义，则子不可以不争于父，臣不可以不争于君。故当不义则争之。从父之令，又焉得为孝乎？"

注释

①谏诤章：讲为臣子如遇君主和父亲有过失，就当谏争。

②争臣：能以直言规劝君主改正过失的臣下。

③令名：美名。

译文

曾子说："关于爱护父母，尊敬兄长，使父母平安，这些道理我都已经领教了，我再冒昧地请问：做儿子的完全遵从父亲的命令，就可算得尽孝吗?”

孔子说：“这是什么话呀！这是什么话呀！从前只要天子有谏诤之臣七人，即使无道，也不会失掉天下；诸侯有谏诤之臣五人，即使无道，也不会失掉他的侯国；大夫有谏诤之臣三人，即使无道，也不会失掉他家的封地；士人有直言规劝的朋友，就不会失去美好的名声；父亲有敢于直言规劝的儿子，父亲就不会陷于不义。所以，在遇到不义的事情时，做儿子的不可以不规劝父亲，做臣子的不可以不劝谏君主。所以，面对父亲的不义言行，就应直言相争劝止，如果一味听从父亲的命令，又怎么称得上是孝呢?”

应感章第十六①

子曰：“昔者明王事父孝，故事天明；事母孝，故事地察；长幼顺，故上下治。天地明察，神明彰矣！故虽天子，必有尊也，言有父也；必有先也，言有兄也。宗庙致敬，不忘亲也；修身慎行，恐辱先也；宗庙致敬，鬼神著矣②。孝悌之至，通于神明，光于四海，无所不通。

“《诗》云：‘自西自东，自南自北，无思不服③。’”

注释

①应感章：认为孝道可上感天地神明，降福于行孝之人。

②鬼神著矣：指祖先之神。

③诗句出自《诗经·大雅·文王有声》。

译文

孔子说："从前圣明的帝王奉事父亲能尽孝，所以奉事上天能明白其覆庇万物之恩；奉事母亲能尽孝，所以奉事大地能觉察其诞育万物之德。长辈和晚辈的关系理顺，君臣上下关系也就和协而天下治。能够体察天地覆载化育万物，就会显示神明，降福保佑。所以虽贵为天子，也必定还有他应该尊敬的人，这就指的是他还有父亲；必然有先他出生的人，就是说他还有兄长。他到宗庙里去祭祀致敬，是他没有忘记亲人；修养身心，行事谨慎，是怕辱没祖先。他到宗庙去祭祀致敬，祖先的神灵会感受到他的虔诚。对父母兄长的孝敬达到极点，就可以与神明相通，充塞于四海，无所不至。《诗经》上说：'从西到东，从南到北，没有不悦服的。'"

事君章第十七[①]

子曰："君子之事上也[②]，进思尽忠，退思补过，将顺其美，匡救其恶，故上下能相亲也。《诗》云：'心乎爱矣，遐不谓矣。中心藏之，何日忘之[③]！'"

注释

①本章说孝子如何在朝事君。

②君子：一本作"孝子"。

③诗句出自《诗经·小雅·隰桑》。遐：一般读 xiá（侠），意为远、长久。这里读 hú，通"何"，为什么。

译文

孔子说："孝顺父母的君子在朝廷奉事君王，他们上朝想的是如何尽心尽力效忠，退朝想的是如何弥补各种过失。他们顺从和推行君主的善政美德，纠正制止他的过失恶行，这样君臣上下就亲密了。《诗经》上说：'我对你的爱啊藏在心里，为什么总不告诉你？这藏在心中的爱啊，又有哪一天能忘记？'"

丧亲章第十八①

子曰："孝子之丧亲也，哭不偯②，礼无容③，言不文，服美不安，闻乐不乐，食旨不甘，此哀戚之情也。三日而食，教民无以死伤生，毁不灭性，此圣人之政也。丧不过三年，示民有终也。

"为之棺椁衣衾而举之；陈其簠簋而哀戚之④；擗踊哭泣⑤，哀以送之；卜其宅兆，而安措之；为之宗庙，以鬼享之；春秋祭祀，以时思之。

"生事爱敬，死事哀戚，生民之本尽矣，死生之义备矣，孝子之事亲终矣。"

注释

①丧亲章：讲父母亡故后应如何尽孝。

②偯（yǐ 倚）：哭的尾声。《礼记·间传》："大功之哭，三曲而偯。"郑注："三曲，一举声而三折也；偯，声余从容也。"意思是哭得声嘶力竭，没有拖长的哭声。

③礼无容：礼仪因悲痛而无容止。

④簠簋（fǔguǐ 府鬼）：古代盛食物的器具，也用作祭器。

簠，长方形，有四足。簋，多为圆形。

⑤擗踊（pìyǒng 僻勇）：捶胸顿足，形容哀痛哭泣。

译文

孔子说："孝子死了父母，哭得声嘶力竭，短促无力，行礼无暇讲究仪容，说话没有文采，不忍心穿着华美服饰，听到音乐也不感到快乐，吃了美味也不感到甘甜，这是因为心情悲痛。三日以后开始进食，是教人不要因悲死者而伤生者，虽因哀痛而形容消瘦，但不能毁坏身体，以致殒没，这是圣人定的规矩和为政之道。守丧不超过三年，这是告诉人们守丧有一个终止的期限。

"要置办内棺外椁、寿衣、寿被装殓亡亲，摆上簠簋等祭器祭品祭奠父母，捶胸顿足、哭泣哀痛为父母送葬，选择吉利的坟地安葬，修建宗庙使亡灵能享受祭祀，然后春秋两季举行祭祀，追念亡亲。

"父母在世时，亲爱尊敬，死后悲伤哀痛，办好后事，如此人生在世算尽到了作为人子的本分和义务，对父母尽到了养生送死的责任，孝子奉事双亲也就终结了。"

二十四孝原本

孝感动天

〔虞〕舜[1]，姓姚，名重华，瞽瞍[2]之子。性至孝，父顽[3]，母嚚[4]，弟象傲。舜耕于历山[5]，象为之耕，鸟为之耘，其孝感如此。陶于河滨[6]，器不苦窳；渔于雷泽[7]，烈风雷雨弗迷。虽竭力尽瘁，而无怨怼之心。尧闻之，使总百揆[8]，事以九男[9]，妻以二女[10]。相尧二十有八载，帝遂让以位焉。

队队耕田象，纷纷耘草禽。
嗣尧登宝位，孝感动天心。

注释

①舜：传说为古代父系氏族社会后期部落联盟的首领，姓姚，号有虞氏，名重华，史称虞舜。相传舜帝故里是今河南濮阳，其父叫瞽叟，母名握登。他以孝闻名，四方部落举他为尧的继承人，尧考核后，命他摄政。

②瞽瞍：瞎子。

③顽：愚昧。

④嚚（yín 银）：愚蠢。

⑤历山：即今山西蒲州的雷首山。

⑥陶于河滨：在黄河边上制造瓦器。

⑦雷泽：在今山东鄄城县西南，一说在今蒲州附近。

⑧总百揆：总领各官。

⑨九男：尧的九个儿子。

⑩二女：尧女娥皇、女英。

亲尝汤药

〔前汉〕文帝[1]，名恒，高祖第三子。初封代王，生母薄太后，帝奉养无怠。母病三年，帝为之目不交睫[2]，衣不解带，汤药非口亲尝，弗进，仁孝闻于天下。

仁孝临天下，巍巍冠百王。
汉庭事贤母，汤药必亲尝。

注释

①汉文帝刘恒（前202—前157）：汉高祖刘邦第四子，薄姬所生。初立为代王，诸吕之乱平定后，为周勃、陈平等拥立。即位后减轻租赋，劝课农桑，废除肉刑，事母以孝闻。又自奉节俭，广开言路，以德化民，天下大治。

②交睫：合上眼睛。

啮指心痛

〔周〕曾参[1]，字子舆，孔子弟子，事母至孝。参尝采薪山中，家有客至，母无措，望参不还，乃啮其指。参忽心痛，负薪以归，跪问其故，母曰："有急客至，吾啮指以悟汝尔。"

母指才方啮，儿心痛不禁。
负薪归未晚，骨肉至情深。

注释

①曾参，字子舆，孔子弟子，事亲至孝，孔子和他讲有关孝的道理，后其弟子将这些问答之言编成《孝经》。有关他孝顺父母的故事很多。相传他有次锄瓜误断其根，其父曾点举杖将他打昏在地，他苏醒后，又抚琴而歌。孔子听说后，认为应该小杖则受，大杖则走，曾参让父打昏，是陷父于不义，不能算孝。他主动上门表示接受孔子的教导，承认自己错了。

单衣顺母

〔周〕闵损[①]，字子骞，孔子弟子。早丧母，父娶后母，生二子，衣以棉絮，妒损，衣以芦花。父令损御车，体寒失靷[②]，父察知故，欲出[③]后母。损曰："母在一子寒，母去三子单。"母闻改悔。

闵氏有贤郎，何曾怨晚娘。
父前留母在，三子免风霜。

注释

①闵损：字子骞，春秋末期鲁国人，孔子弟子。孔子曾说过："孝哉闵子骞。"闵损不做鲁国权臣季孙氏的官，以德行见称。

②靷（yǐn 饮）：引车前行的皮带。

③出：休弃。

为亲负米

〔周〕仲由字子路[①]，孔子弟子。家贫，食藜藿[②]之食，为亲负米百里之外。亲没，南游于楚，从车百乘，积粟万钟[③]，累裀[④]而坐，列鼎[⑤]而食。乃叹曰："虽欲食藜藿之食，为亲负米，不可得也。"

负米供甘旨，宁忘百里遥。
身荣亲已没，犹念旧劬劳。

注释

①仲由（前542—前480年）：字子路，春秋末期鲁国卞人。性粗朴刚直，曾做鲁国季氏家臣，卫国蒲邑大夫，卫国大夫孔悝的邑宰。

②藜藿：藜和藿，指粗劣的饭菜。

③万钟：钟，古代量器，也是容量单位，六斛四斗为一钟。万钟极言其多。

④累裀：裀，通茵，褥垫。累裀，多层褥垫。

⑤列鼎：陈列盛馔。

鹿乳奉亲

〔周〕郯子[①]性至孝，父母年老，俱患双眼，思食鹿乳。郯子顺承亲意，乃衣[②]鹿皮，去深山，入群鹿中，取鹿乳以供亲。猎者见而欲射之，郯子具以情告，乃免。

老亲思鹿乳，身挂鹿毛衣。
若不高声语，山中带箭归。

注释

①郯（tán 谈）子：春秋时郯国人，因是子爵，称郯子。郯子朝鲁，孔子曾向他请教过关于官名的事，见《左传·昭公十七年》。

②衣：穿。

戏彩娱亲

〔周〕老莱子[①]，楚人。至孝，奉二亲，极其甘脆[②]。行年七十，言不称老，着五彩斑斓之衣，为婴儿戏舞于亲侧。又尝取水上堂，诈跌卧地，作小儿啼，以娱亲意。

戏舞学娇痴，春风动彩衣。
双亲开口笑，喜气满庭闱。

注释

①老莱子：春秋时楚国隐士，因避世乱，种田蒙山下。其“戏彩娱亲”故事见《初学记·孝子传》《艺文类聚·列女传》。

②甘脆：甘甜爽口的美味。

卖身葬父

〔汉〕董永[1]家贫，父死，卖身贷钱而葬。及去偿工，路遇一妇，求为永妻。俱至主家，令织缣[2]三百匹乃回。一月完成，归至槐阴会所[3]，遂辞永而去。

葬父将身卖，仙姬陌上迎。
织缣偿债主，孝感动天庭。

注释

①董永：后汉千乘人，少失母，随父流寓汝南，后迁居安陆。今湖北孝感有董永墓。

②缣（jiān 兼）：细绢。

③会所：董永当初会见妻子的地方。

为母弃儿

〔汉〕郭巨[①]，字文举，家贫，有子三岁，母减食与之。巨谓妻曰："贫乏不能供母，子又分母之食，盍弃此子？子可再有，母不可复得。"妻不敢违。巨一日掘坑三尺余，忽见黄金一釜，金上有字云："天赐孝子郭巨黄金，官不得夺，民不得取。"

郭巨思供给，弃儿愿母存。
黄金天所赐，光彩耀寒门。

注释

①郭巨：汉隆虑（今河南林县）人，也有说是河内温县（今河南温县）人，家贫孝母，在养母与养儿难两全的情况下选择了弃儿。但终究有违人道，且"不孝有三，无后为大"，若弃儿以致绝后，更不可取。

涌泉跃鲤

〔汉〕姜诗[1]事母至孝，妻庞氏，奉姑尤谨。母性好饮江水，妻汲而奉之。母更嗜鱼脍[2]，夫妇作而进之，召邻母共食。舍侧忽有涌泉，味如江水，日跃双鲤，诗取以供母。

舍侧甘泉出，一朝双鲤鱼。
子能知事母，妇更孝于姑。

注释

①姜诗：后汉广汉人。事母至孝，赤眉军经诗住地，不相犯，送以米肉。后为江阳令，卒于官。其妻庞氏，常去舍六七里取江水奉母。事见《后汉书·列女传·姜诗妻》。

②脍（kuài 快）：细切的鱼、肉。

拾椹供亲

〔汉〕蔡顺[①]字君仲，少孤，事母至孝。遭王莽乱，岁荒不给，拾桑椹[②]，以异器盛之。赤眉贼[③]见而问曰："何异乎？"顺曰："黑者奉母，赤者自食。"贼悯其孝，以白米三斗、牛蹄一只赠之。

黑椹奉萱帏[④]，啼饥泪满衣。
赤眉知孝顺，牛米赠君归。

注释

①蔡顺：字君仲，后汉安城人。父早亡，事母孝，母亡后，举孝廉不就。

②桑椹（shèn）：桑树的果实。

③赤眉贼：王莽时樊崇等人领导的起义军，为与敌军区别，用赤色染眉，因称"赤眉军"。起义军纪律严明，作风淳朴，"贼"是污称。

④萱帏：母亲的住所，指母亲。

刻木事亲

〔汉〕丁兰[1]幼丧父母，未得奉养，长而念劬劳之恩，刻木为像，事之如生。其妻久而不敬，以针戏刺其指，血出，木像见兰，眼中垂泪。因询得其情，即将妻弃之。

刻木为父母，形容在日身。
寄言诸子女，及早孝双亲。

注释

①丁兰：后汉河内人。少丧母，刻木为像，事之如生。据说有邻人张叔，醉骂木像，以杖击其首，兰还，奋击张叔。吏捕兰，兰辞木像，像为流泪。与此文说的其妻以针刺其指、木像见兰垂泪的说法不同，可见都是传说故事。

怀橘遗亲

〔后汉〕陆绩[1]，字公纪。年六岁，于九江见袁术。术出橘待之，绩怀橘三枚。及归拜辞，橘堕地。术曰："陆郎作宾客而怀橘乎？"绩跪答曰："吾母性之所爱，欲归以遗[2]母。"术大奇[3]之。

孝顺皆天性，人间六岁儿。
袖中怀绿橘，遗母事堪奇。

注释

①陆绩：字公纪，三国时吴国人。博学多识，精通历算，孙权任为奏曹掾，以直道见称。后为太守，著述不废。

②遗（wèi 卫）：给予，馈赠。

③奇：引以为奇，看重。

行佣供母

〔后汉〕江革[①]，字次翁。少失父，独与母居。遭乱，负母逃难。数遇贼，欲劫去，革辄泣告有老母在，贼不忍杀。转客[②]下邳，贫穷裸跣[③]，行佣[④]以供母。母便身之物[⑤]，莫不毕给。

负母逃危难，穷途贼犯频。
哀求俱获免，佣力以供亲。

注释

①江革：字次翁，后汉临淄（今山东淄博）人。少年丧父，遭乱负母避难，多次遇险，以孝行感人得免，乡人称他为“江巨孝”。母死，庐墓不除服。后举孝廉、贤良方正，累官谏议大夫。

②客：客居。

③裸跣：赤身光脚。

④行佣：受人雇佣。

⑤便身之物：身边需用的物品。

勇

扇枕温衾

〔后汉〕黄香[1]，字文强，年九岁失母，思慕惟切，乡人皆称其孝。躬执勤苦，事父尽孝。夏天暑热，扇凉其枕簟；冬天寒冷，以身温其被席。太守刘护[2]表而异之。

冬月温衾暖，炎天扇枕凉。
儿童知子职，千古一黄香。

注释

①黄香：字文强，后汉安陆（今湖北省安陆市）人。九岁失母，事父至孝，年稍长，博通经典，能写文章，京师洛阳号称“天下无双，江夏黄童”。和帝时官至尚书令，勤于政事，忧公如家，喜荐拔人才。后任魏郡太守。

②刘护：明帝时为江夏太守。

闻雷泣墓

〔魏〕王裒[①]，字伟元。事亲至孝。母存日，性畏雷，既卒，葬于山林，每遇风雨闻雷，即奔墓所，拜泣告曰："裒在此，母勿惧。"隐居教授，读《诗》至"哀哀父母，生我劬劳"，遂三复流涕，后门人至废《蓼莪》[②]之篇。

慈母怕闻雷，冰魂宿夜台。
阿香时一震，到墓绕千回。

注释

①王裒（póu）：字伟元，晋城阳营陵（今山东昌乐县东南）人。祖王修，有名魏世。父王仪，以直言被司马昭所杀。裒痛父死于非命，终身教授，不为晋臣。家贫，自耕而食，不受馈赠。

②蓼莪（lùe）：《诗经·小雅·蓼莪》："蓼蓼者莪，匪莪伊蒿。哀哀父母，生我劬劳。"（莪蒿长得长又高，不料非莪是散蒿。可怜我的父和母，生我养我多辛劳。）

恣蚊饱血

〔晋〕吴猛[1]，年八岁，性至孝。家贫，榻无帏帐，每夏夜，任蚊多攒肤[2]，恣渠[3]膏血之饱，虽多不驱，恐去己而噬亲也。爱亲之心至矣。

夏夜无帷帐，蚊多不敢挥。
恣渠膏血饱，免使入亲帏。

注释

①吴猛：字世云，晋代豫章（今江西省南昌市）人。少有孝行，后学仙道。

②攒肤：聚集在皮肤上。

③恣渠：放任蚊虫。

卧冰求鲤

〔晋〕王祥[1]，字休徵。早丧母，继母朱氏不慈，于父前数谮[2]之，由是失爱于父。母欲食生鱼，时值冰冻，祥解衣卧冰求之，冰忽自裂，双鲤跃出，持归供母。

继母人间有，王祥天下无。
至今河水上，一片卧冰模。

注释

①王祥：字休徵，山东临沂人。孝顺继母，有卧冰求鲤的故事。三国时曾任魏国徐州别驾，政化大行，后任太尉。司马炎称帝后拜为太保。

②谮：说人坏话，诬陷别人。

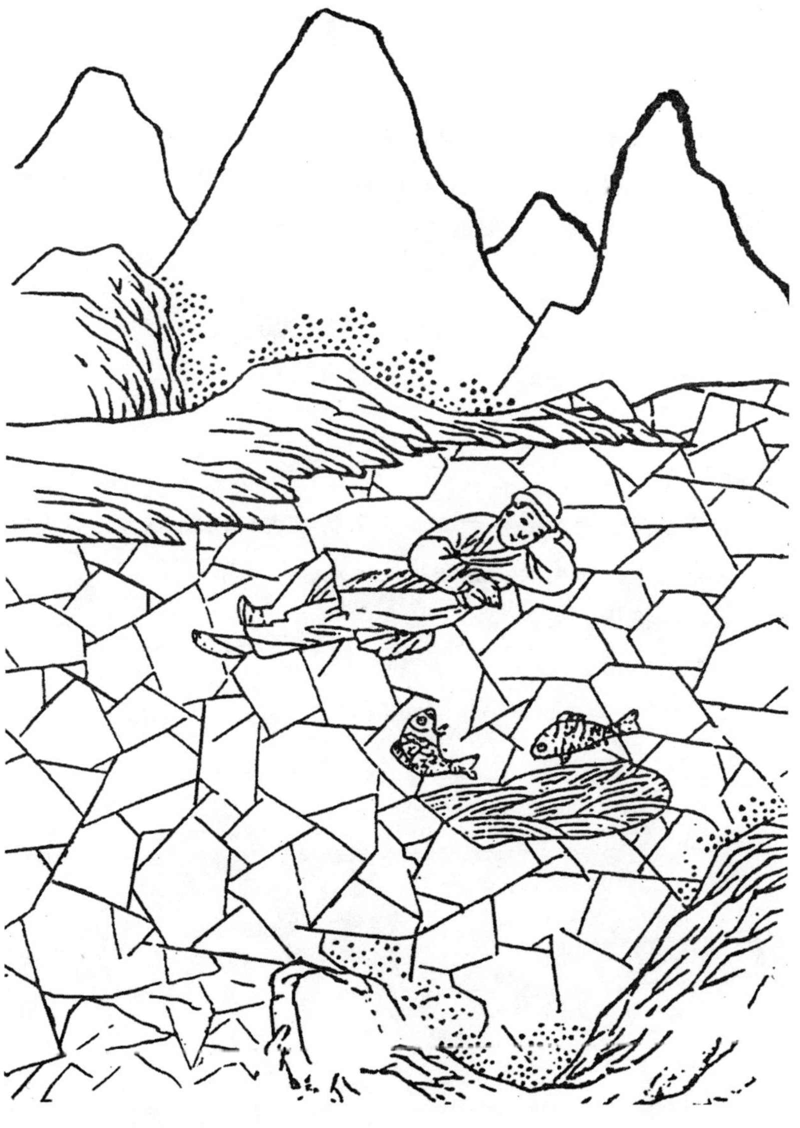

扼虎救父

〔晋〕杨香[1]，年十四岁，随父丰往田中获粟，父为虎曳去。时香手无寸铁，惟知有父而不知有身，踊跃向前，扼[2]持虎颈，虎磨牙而逝，父因得免于害。

深山逢白额[3]，努力搏腥风。
父子俱无恙，脱离馋口中。

注释

①杨香：晋代人。年十四，随父杨丰去田间割稻，父被虎咬住，杨香徒手扼住虎颈，虎弃其父逃走，朝廷下诏褒奖。

②扼：掐住，捉住。

③白额：指老虎。

哭竹生笋

〔吴〕孟宗[1]字恭武，少丧父，母老疾笃，冬月思笋煮羹食。宗无计可得，乃往竹林，抱竹而哭。孝感天地，须臾地裂，出笋数茎，持归作羹奉母，食毕疾愈。

泪滴朔风寒，萧萧竹数竿。
须臾冬笋出，天意报平安。

注释

①孟宗：字恭武，三国时吴国江夏（郡治曾在今湖北新洲、武昌、汉口、安陆）人。少从师李肃，其母作大被，接待来家的贫苦同学。后为吴令，官至司空。相传其母爱吃笋，一次遇冬季，笋尚未生，孟宗入林哀叹，笋忽从地迸出。这就是流传下来的“孟宗哭竹”故事，当然只是故事而已，古人认为孝心可以感动天地，故事表达了这种愿望。

尝粪忧心

〔南齐〕庾黔娄[①]，为孱陵令，到任未旬日，忽心惊汗流，即弃官归。时父病始二日，医云欲知瘥剧[②]，但尝粪苦则佳。娄尝之甜，心忧甚，至夕，稽颡北辰[③]，求身代父死。

到县未旬日，椿庭[④]遘疾深。
愿将身代死，北望起忧心。

注释

①庾黔娄：字子员，南北朝时齐梁间人。父庚易，徙居江陵（今湖北省荆州市）。隐居不与外交接，南齐几次征聘他做官，都不就职。黔娄少好学，在齐为县令，政绩异常，以仁爱化俗。性至孝，父在家患重病，相传他也心惊流汗，即日弃官归里侍养。后任蜀郡太守，居官清廉。

②瘥（cuó 嵯）剧：病好和病重。

③稽颡北辰：向北极星叩头。

④椿庭：父亲的代称。

乳姑不怠

〔唐〕崔山南[1]，曾祖母长孙夫人，年高无齿。祖母唐夫人，每日栉洗，升堂乳其姑，姑不粒食，数年而康。一日病笃，长少咸集，曰：“无以报新妇恩，愿汝子孙妇亦如新妇之孝敬。”

孝敬崔家妇，乳姑晨盥梳。
此恩无以报，愿得子孙如。

注释

①崔山南：唐崔琯，字从律，唐博陵（郡名，郡治在今河北省蠡县南）人。举进士，性方正，以公直敢言见称于时，官至山南西道节度使。

弃官寻母

〔宋〕朱寿昌[①]年七岁，生母刘氏为嫡母所妒，出嫁，母子不相见者五十年。神宗朝弃官入秦，与家人诀誓，不见母不复还，行次于同州得之，时母七十余。

七岁生离母，参商五十年。
一朝相见面，喜气动皇天。

注释

①朱寿昌：字康叔，北宋天长人。母刘氏，父之妾，正怀孕而出嫁民间，母子不通音问五十年。神宗时，寿昌弃官奔走四方寻母，在陕州寻到，迎母与二弟归，以孝名闻天下，王安石、苏轼等都作诗赞美他。他官终司农少卿。

涤亲溺器

〔宋〕黄庭坚[①]，字鲁直，号山谷，元祐[②]中为太史[③]。性至孝，身虽贵显，奉母尽诚。每夕为亲涤溺器，无一刻不供子职。

贵显闻天下，平生孝事亲。
亲身涤溺器，婢妾岂无人。

注释

①黄庭坚：字鲁直，自号山谷道人，北宋洪州分宁（今江西省修水县）人。曾举进士，知鄂州、太平州。著名诗人，世称苏黄。又是书法家。

②元祐：北宋哲宗赵煦年号。

③太史：官名，宋有太史局，掌天文历法等事。

二十四孝别录

寝门三朝

〔周〕文王姬昌[①]，为世子时，朝于王季[②]日三。鸡初鸣而衣服，至于寝门外，问内竖[③]之御者曰：“今日安否?”内竖曰：“安。”文王乃喜。及日中又至，亦如之，及暮又至，亦如之。有不安，则内竖以告，文王色忧，行不能正履，王季复膳，然后如初。食上，必视寒暖之节，食下，问所以膳之状，然后退。

自听鸡鸣起，三番到寝门。
问安兼视膳，竭力奉晨昏。

注释

①周文王：商末周族首领，姓姬，名昌，殷纣封他为“西伯”，武王灭商后谥为文王。

②王季：周文王之父季历，周武王追尊为王季。

③内竖：宫中役使的小臣。

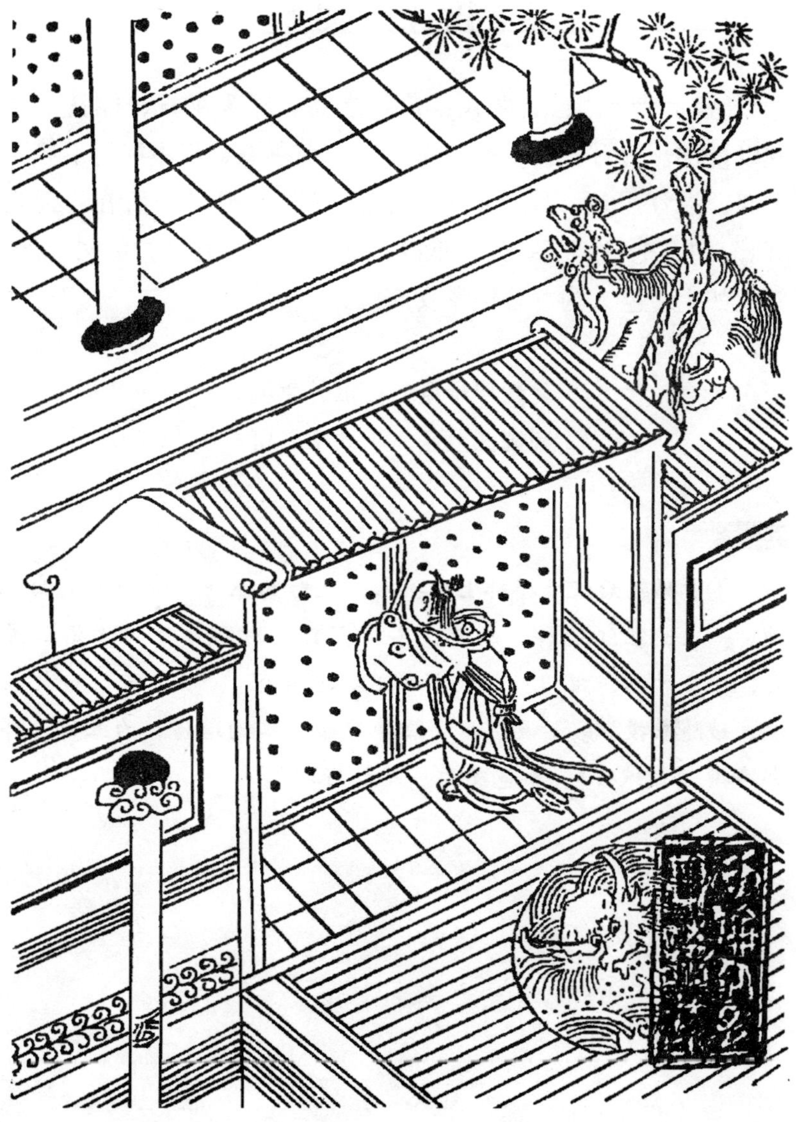

投江觅父

〔汉〕曹娥[1]，上虞人，曹盱之女。盱为巫祝，能抚节按歌以悦神。五月五日，逆流而上，为水所淹，尸不能得。娥年十四，沿江号泣，既而投瓜于江，祝曰："父尸所在，瓜当沉。"旬有七日，至一处，瓜沉，遂投水。经五日，负父尸出，颜色如生。邑人为立曹娥孝女庙。

父溺尸难觅，投瓜赴急流。
巍巍江上庙，千载孝名留。

注释

①曹娥：后汉会稽郡上虞县人。父盱为巫祝，能弹琴唱曲祀神。一次，在江迎神，溺死，不得尸体。时娥年十四，沿江号哭，投衣于水，祝曰："父尸所在，衣当沉。"衣随流至一处沉没，娥随衣投江。后县官度尚改葬曹娥于江南道傍，为立碑，邯郸淳撰《曹娥碑》，蔡邕誉为"绝妙好词"。

乌助成坟

〔汉〕颜乌[1]，会稽人。业渔樵，每忍饥以养父。父亡，无力营葬，乃负土筑坟，群乌衔土助之，其吻皆伤。遂名其县曰义乌。

无力营窀穸[2]，孤身负土勤。
义乌能感召，千百助成坟。

注释

①颜乌：汉会稽乌伤人，以孝行闻名乡里。传说有群乌衔鼓，飞集颜所居之村，乌口皆伤。人以为慈乌衔鼓，是要使颜的孝名远扬，因而当时特设置乌伤县，王莽时改名乌孝。此处称义乌县，故事亦不同。

②窀穸（zhūnxī 谆夕）：墓穴。长埋叫窀，长夜叫穸。

手刃仇人

〔汉〕赵娥[1]父安，为同县人季寿所杀。娥兄弟三人俱病死，仇喜以为莫已报也。娥潜备刃伺之，积十余年，遇于都亭，刺杀之，刃其头诣县曰："父仇报矣，请受戮。"县义之，欲释，娥不肯曰："何敢苟生以枉公法。"自入狱，遇赦免。

父杀诸昆死，闺中剩女儿。
狂仇且莫喜，备刃正相随。

注释

①赵娥：后汉酒泉（今甘肃酒泉）人，曾手刃杀父仇人，又投案自首，遇赦得免受刑罚。

鸡不供客

〔汉〕茅容[1]，字季伟，与郭林宗[2]交最笃。林宗过访寓宿，旦日杀鸡为馔，林宗以为为己设也。少顷，容进而供母，自携野蔬与客饭。林宗喜曰：“得友如此，足以教孝，足以成德。”

甘旨贫家薄，烹鸡劝母餐。
园蔬同客饱，粗粝有余欢。

注释

①茅容：字季伟，后汉陈留（郡名，治所在今河南陈留县）人。相传他四十多岁时，在田野耕种，避雨树下，正襟危坐，郭林宗见而异之，因造访留宿。容杀鸡供母，而以野蔬与客共饭，使郭深受感动，劝他读书，因而成名。

②郭林宗：郭泰字林宗，后汉界休人。博通儒家经典，居家教授，弟子甚多。善品评人物，被举荐做官不就，为时人所重。

图像公廷

〔蜀汉〕李余[①]，涪城人，年十三，父杀人出亡，母下吏，余乞代死，官以为人所使也，不许，遂自杀。事闻，诏图像，悬郡县廷，以励风俗。

代亲终不许，难诉九重天。
慈母如遭戮，儿先赴冥泉。

注释

①李余：蜀汉涪（fú 浮）城人。如篇中所说，年十三，因父杀人出逃，自杀以代母死。但他书中称系其兄杀人亡命，母被捕入狱，不是其父杀人。

邻里罢社

〔三国〕时，魏王修[①]，年七岁丧母。母于社日亡，明年邻人举社，烹羊酌酒，欢笑之声彻户外。修感念母亡，悲啼凄惋，邻人闻之，为之罢社。

哀意感邻里，纷纷罢社归。
遥看桑柘影，不觉泪交挥。

注释

①王修：字叔治，三国时魏国北海营陵人。七岁丧母，母在祭社神之日去世。次年邻里社祭，王修哀痛过甚，邻里闻之，遂停止社祭。初为孔融主簿，曹操任为魏郡太守，抑强扶弱，百姓称道。

护兄感母

〔晋〕王祥弟览[1]，字元通。母朱氏遇祥不慈，览年四岁，见祥被挞，辄流涕抱护。及长，朱虐使祥妻，览妻亦往。祥渐有时誉，朱益恶之，乃酖[2]祥，览知取饮，祥固争之，不与，朱恐览饮，急倾去。自后每食，览必先尝，坐卧必同处。朱感而悔，爱祥如爱览。

岂独全兄孝，兼能感母慈。
乘舟空泛泛，堪叹卫风诗。

注释

①王览：字元通，晋王祥同父异母弟，性孝友恭谨，与王祥并有时誉，官至大中大夫。

②酖（zhèn 震）：用毒酒杀人。

不违酒约

〔晋〕陶侃[1]每饮酒有定限，常欢有余而限已竭，殷深源[2]劝再少进，侃曰："年少时，曾有酒失，亡亲见约，故不敢违，逾限是忘亲矣。"终不宽饮。按侃官太尉，封长沙公，谥曰桓。

每饮怀难释，从前事甚非。
友朋休苦劝，亲约不能违。

注释

①陶侃：字士行，东晋鄱阳（郡名，治所在今江西省波阳县东）人。官至侍中、太尉，封长沙郡公，都督八州军事。饮酒有定限事，载《晋书·陶侃传》。

②殷深源：即殷浩，东晋大臣。

闻耕辍诵

〔晋〕赵景真[①]，名至。少时诣乡师受业，闻父耕叱牛声，投书而泣。师怪问之，真曰：“我未能养，使老父劳苦，是以泣耳。”师奇之，后从嵇中散[②]学，成名儒。

未克供滫瀡[③]，犹教老父耕。
惊心因辍诵，忍听叱牛声。

注释

①赵景真：晋人，生平不详。

②嵇中散：嵇康，字叔夜，晋“竹林七贤”之一，为司马昭所害，有《嵇中散集》。

③滫瀡（xiǔsuǐ 朽髓）：滫，淘米水。瀡，滑。滫瀡，淘洗使食物柔滑。

使客敬母

〔晋〕裴秀[1]母，婢妾也。秀年八岁，善诗文，有神童之目。嫡母宣，虐待其母，一日宴客，令进馔，座客皆为之起，三揖止之。宣于屏后见之，叹曰："微贱如此，而客加礼，殆因秀儿故也。"遂优遇焉。

膝下佳儿在，宾朋不敢轻。
堂前方肃揖，屏后有人惊。

注释

①裴秀：字季彦，西晋河东闻喜人。父裴潜，曾任曹魏尚书令。秀少好学，八岁能作文。秀母出身微贱，嫡母宣氏轻慢她。一次嫡母要裴秀的母亲给客人上菜，客人都站了起来，他母亲说："我这样一个微贱的人，客人对我这样有礼貌，是因为我有这样一个儿子。"这事被嫡母知道后，就不再让裴秀母亲给客人送酒菜了。以上所说见《晋书·裴秀传》，与本篇所说略有不同。裴秀后来官至尚书令，封济川侯，为西晋名臣。

受杖感衰

〔汉〕韩伯俞[1]，事亲能顺，每有小过，母怒，跪而进杖，笞之，亦不泣。一日母笞之，泪下，母曰："他日未尝泣，今泣何也?"对曰："他日笞痛，今母力不能使痛，衰矣，故泣耳。"母泫然投杖。

跪受慈亲杖，中情不觉伤。
施刑无力处，两鬓感苍苍。

注释

①韩伯俞：汉刘向《说苑·建本》："伯俞有过，其母笞之泣。母曰：'他日笞子，未尝见泣，今泣何也?'对曰：'他日俞得罪笞，常痛，今母之力不能使痛，是以泣。'"

梦遇慈亲

〔齐〕宣都王铿[1]，三岁失恃，悲不自胜。及长，祈请幽冥，求一梦见。诚心三年，梦一妇人，云是其母，铿大哭而觉。急问旧时侍疾诸人，容貌衣服，果如平生。

三岁当衰绖[2]，慈颜记得无。
诚心求一见，梦里不模糊。

注释

①王铿：生平不详。

②衰绖（cuīdié 崔谍）：旧时丧服。

代父从征

〔隋〕花木兰[①]，父弧，商丘人。时苦征役，父老且病，不能从行，为有司所逼，兰乃束装出门，代父戍边一十二年，人不知为女子也。有功，封孝烈将军。

铁甲换罗裙，从征早立勋。
名垂隋史上，孝烈记将军。

注释

①花木兰：《隋书》和其他史书都无记载。《木兰诗》的产生年代，有汉魏、南北朝、隋唐三种说法。木兰既是现实生活中的人物，又是人们理想的化身，有着作者的想象和夸张。

母病不乳

〔唐〕天宝时，沧洲许法慎[①]，生未及岁，母病不肯饮乳，惨然若有忧色，人咸奇之。会甘露降，旌其门，时呼为半龄孝子。

至性从天赋，人生孝早知。
萱帷方寝疾，儿不敢啼饥。

注释

①许法慎：唐代清池人，才三岁，就知道母亲有病，不肯吃奶，还面带忧色。有人以好吃的食品给他吃，他不肯吃，都留着给母亲。后来母亲去世，他在墓前架屋守护。天宝时，朝廷对他的孝行进行了表彰。本文中说他出生不到一岁就知母疾不肯吃奶，未免过于夸大。

滴血认骸

〔唐〕王少玄[①]，父廷宰，隋末死于乱兵。遗腹生玄，甫十岁，问父所在，母告以故，大恸，遂向有司求尸。时野中白骨覆压，或曰："以子血渍而渗者，父胔[②]也。"玄镵[③]肤滴血，阅数旬竟获，为衣衾棺椁葬之。

白骨惨成堆，风生战野哀。
亲骸何处觅，渍血遍莓苔。

注释

①王少玄：唐初聊城人。因为求父尸刺肤滴血，创伤很大，一年之后才能起床，事迹传到朝廷，任他为徐王府参军。

②胔（zì 自）：尸骨，腐肉。

③镵（chán 缠）：刺。

登第不仕

〔宋〕包拯[1]，年少登第，朝廷授以外官，辞曰："臣双亲在堂，愿侍养而不仕。"上以为无吏才也，许归里。十年后，亲殁，始仕，决狱如神。仁宗朝，累官至枢密副使，卒赠礼部尚书，谥孝肃。

年少说龙图，辞官登籍初。
锦衣归故里，侍养十年余。

注释

①包拯（999—1062）：字希仁，北宋庐州合肥人。二十八岁举进士及第，朝廷派他去做建昌知县，他以父母年老辞官，后又要他监和州税，因父母不想他远离，也未去，在家侍奉双亲。父母去世后，他在家守庐墓十年，直到四十岁时，朝廷又来征用，才去做天长县知县。后来当过一年半的开封知府，以办案公正廉明著称。后官至枢密副使，死后追赠礼部尚书，谥孝肃，因又称孝肃包公。

幼通孝经

〔宋〕朱文公熹[1]，字晦庵。八岁读《孝经》，即知大义，戏为注解。书八字于其后云："若不如此，便不成人。"

自幼明伦理，千秋说晦庵。
试看标八字，那个可无惭。

注释

①朱熹（1130—1200）：字元晦，号晦庵，南宋徽州婺源（今属江西）人，著名哲学家、教育家。曾任秘阁修撰等职，著作有《四书章句集注》《周易本义》《诗集传》《楚辞集注》等。编辑有《孝经刊误》《通鉴纲目》等书，所谓"八岁注孝经"是夸张的说法。朱熹死后谥"文"，因称朱文公。

朝服侍立

〔宋〕王溥[1]，年三十二拜相。父祚累迁防御使，朝臣趋走，苦于应酬。溥乃朝服侍侧，客不安求去，由是车马渐少，父遂得逸。

趋势多门客，高堂晏息难。
傍无朝服者，白发被摧残。

注释

①王溥：字齐物，北宋并州祁（今属山西省）人。五代汉时中进士，周时为相，宋初，进位司空。溥在相位，父王祚以宿州防御使家居，每公卿至，王祚置酒招待，王溥穿着朝服在左右奉陪，客人感到不安，常起立避开。王祚说：“这是我小孩，诸位不必客气。”王溥劝父早辞官，王祚不愿，后来朝廷批准了，王祚大怒，要打王溥，经劝解才止。事见《宋史·王溥传》。

叱木成马

〔宋〕崔人勇[1]，陕西人。戍广西，闻母病危，大哭失声。思归甚急，入一古庙求筶，遇丐食道人，勇问之，道人曰："借汝神马，三日可到。"遂叱木成马，勇乘之，觉行甚速，果三日到。母闻子归，病亦顿愈。

母病思归急，长途千里暌。
疾行乘木马，南渡事同奇。

注释

①崔人勇：生平不详。

天锡奇钱

〔宋〕都昌孀妇吴氏，无子。事姑孝，冬夜恐姑寒，必温衾，或不得火，辄以身温之。姑老且盲，念吴孤单，欲招一义儿，妇劝止。绩麻饲蚕，获钱悉奉姑。尝炊饭，邻妇呼之出，姑恐过熟，取置盆中，而误倾秽桶。吴见之，亟往邻家借饭馈姑，姑亦不知；自拈所污者，汲水涤荡蒸食。又念姑老，设不讳，无由得棺，尽典所有，托邻人置备后事。一夕忽梦白衣妇人云："汝村妇耳，事姑勤苦如此，天与汝一钱。"蚤起，床头果得钱，越宿得千钱，用尽复有，盖子母钱也。后妇无疾而终，异香经旬，钱忽失所在。

事姑孀妇苦，纺绩养终年。
尝饭都忘秽，天怜赐异钱。

践地避石

〔宋〕徐积[1]事亲甚敬。尝客外，父书至，必跪读。人笑之，曰："吾学顾恺耳，君命至且跪，奈何父不如君耶?"及父殁，以父讳石，终身不用石字，遇石路，亦避而不践云。

遇石如亲在，凄然悲感增。
莫将愚孝看，终古几人能。

注释

①徐积：字仲车，宋山阳人。父没，以父名石，终身不用石器。行路遇石，避而不践。事母至孝，母亡，庐墓三年。元祐初，官楚州教授，政和中谥节孝处士。有《节孝语录》《节孝集》。

伏柩灭火

〔元〕丽水祝公荣[1]，字大昌。隐居养亲，及母故，柩在堂，邻家失火，荣力不能救，大恸，伏柩呼曰："老母奈何？愿与俱焚！"忽大雨如注，火灭。至元十五年八月二十一日事也。

烈火邻家逼，移棺势大难。
伏号身愿并，一雨赐平安。

注释

①祝公荣：字大昌，元代丽水人。事母至孝，相传其母没，家人失火，力不能救，伏棺悲哭，火自灭。

私祭木主

〔明〕杨士奇[①]，微时父亡，母改适，士奇随往。每祭先，不令士奇拜，奇怪而问母，母告以故。奇方六岁，悽悽不已，乃私置木主，祀于卧室，早晚焚香拜跪，遇时物必荐。后官至少师，拜华盖殿大学士，谥曰文贞。

早晚暗焚香，斯人本不忘。
异时迎木主，大祫[②]共烝尝[③]。

注释

①杨士奇（1365—1444），名寓，明代江西泰和人。在朝四十年，兼领文坛数十年，历任大学士、兵部尚书等职，为名臣。幼年家贫，才一岁，父去世，随母改嫁到罗姓家，后归本姓。他关心民生疾苦，荐拔人才，清廉律己，宽厚待人。二十岁时，他姑母全家患流行病，别人不敢接近，他独去其家调护，直到病好才离开。

②祫（xiá 狭）：祭名。

③烝尝：祭祀名，指冬祭。

[附录]

劝孝格言

孝者，五常①之本，百行之原，未有孝而不仁不义，无礼、智、信者也。以事君则忠，以事兄则悌，以抚幼则慈，以治民则爱，一孝立而万善从之。

注释

①五常：封建社会的五种道德：父义、母慈、兄友、弟恭、子孝。亦指仁、义、礼、智、信。

于铁樵曰：显扬之事，全要仰体父母望子之心。人间名利，虽非可以必得，然为人子，读书者刻苦埋头，务农者努力胼胝①，贸易者尽心营运，置其身于可富可贵之地，使父母意中，常作一做封翁②、做财主妄想，亦是养志之一诀。为人子而使父母并无想之可妄，则其心痛矣。

注释

①胼胝（piánzhī）：手掌、脚掌上生的茧子。

②封翁：因子孙显贵父祖受封者称“封君”或“封翁”。

王朗川《言行汇纂》云：孝子事亲，不可使吾亲有冷淡心，有烦恼心，有惊怖心，有愁闷心，有愧恨心。父母年老，事之尤当曲尽其礼，盖其胆虚，事物易惊恐；其力弱，动必赖扶持；其口淡，食必喜滋味；其血衰，衣必宜棉絮；其气促，令必要顺从。倘有过差，亦宜和柔以谏，不可直言抵触，以逆其气，气顺则安，气逆则病。凡于亲前说苦说难，使生烦恼，是大不孝。请问戏彩之谓何，人子于亲，承欢已矣，爱日已矣，祗斋已矣。凡家中上下大小，有难处之事，我于父母之前，只看做己分上事，无有难也。人子于服劳奉养、慎终追远[①]诸大事，苟力所优为者，即宜一力应承，不稍存吝惜。世有三四兄弟，成立分家，每于父母分上应为之事，彼此互相推诿，不肯假借分毫，则亦思身从何来，事父母竭力之谓何？乃于天性至亲，较锱铢[②]而成市道，其不干天怒而招人祸者鲜矣。子之孝不如率妇以为孝，妇能养亲者也，朝夕不离，洁奉甘旨而亲心悦，故公姑得一孝妇，胜得一孝子。妇之孝，不如导孙以为孝，孙能娱亲者也，依依膝下，顺承靡違而亲心悦，故祖父添一孝孙，又增一辈孝子。

注释

①慎终追远：慎重办理父母的后事，丧尽其哀；对远祖祭尽其敬。

②锱铢（zīzhū 滋朱）：古代二十四铢为一两，六铢为一锱。因而锱铢比喻极细微的数量。

袁氏《世范》云：父母见诸子中有独贫者，往往念之，常加怜惜，饮食衣服之分，或有所偏私，此正父母均一之心，而子之富者或以为怨，此殆未之思也：若使我贫，父母亦移此心于我矣。

人或遇父母不慈，当自思曰：“昔虞舜父顽母嚚，终能厎豫[①]。吾亲纵不爱我，尚不至投之火，陷之井。吾所以事亲者，果能如舜否也？不能，则吾尚不能孝，安望亲慈。”

孝之大纲有四：一立德，二承家，三保身，四养志。其间遇[②]有不齐，才有各异，要在随分随力，尽所当为而已。

注释

①厎豫（zhǐyù 指玉）：致乐。

②遇：机遇。

唐翼脩《人生必读书》云：“父母一切所用之物，安顿宜有常处，不可屡移，恐父母一时取用不得，致生烦恼也。”

家庭之间，或有处其变者，前后之间，嫡庶之际，父母或有偏向，为子者易生嫌隙，此当委心付之，期于必得欢乐而后已。

天下有四种父母，待孝尤切。一老，二病，三鳏寡，四贫乏。父母壮健时，食息起居，犹能自理，乃至龙钟鹄立[①]，扶杖易仆，寒夜苦寂，铁骨难挨。又如偏风久病，坐卧不适，遗溲丛秽，荐席可憎，是二者，子所难奉，惟此时；亲所赖子，亦惟此时。又如老境失偶，寒暄谁问，形影相对，心话莫提，丈夫犹可，嫠妇[②]奈何。就使儿孙满前，而耦者已耦，稚者尚稚，漏声长处，转辗难眠；泪湿枕边，凄然独若。又如抚字财匮，嫁娶力竭，健少年经营肥煖，老穷人搔首踟蹰[3]。望一味以垂涎，丐三飧而忍气。夜爨晨炊，犹骂闲食，纺绩抱孙，尚咒速死。吁嗟！身从何来，而长养若是，岂童稚时，能自拮据活耶？此四种之老，怨气真足动天，为子孙者，益当行孝倍于常儿者也。

注释

①龙钟鹄立：形容老年人的衰态。龙钟，竹名，说老年人如竹枝摇动，站立不稳。

②嫠（lí 离）妇：寡妇。

③踟蹰（chíchú 池除）：徘徊不进。

世间小不孝之所以习成者有四：一曰骄宠。为父母怜惜过甚，常任他性子，骤而拂之，则便不堪；常任他逸豫，令之执劳，则便不习。人前出言，稍有过失，父不敢唐突子也，而子乃敢唐突其父。文行艺能，父誉子惟恐不在我上也，而子遂必欲父之出我下。二曰习惯。语言粗率惯，便敢随口；动作自主惯，便敢放恣；父母分甘推食惯，遂不复忆其甘旨；父母扶病任苦惯，遂不复问其痛痒。三曰乐纵。见同辈不胜意气，对双亲而味薄；入私室千般趣态，望高堂而机室。甚且有见父母而回避者矣，不乐相对，则岂有孝之心耶？四曰忘恩记怨。夫恩习久愈忘，怨习久愈积，人情然也。父之于子，以亲爱为固常，有誉我而生厌者矣；以训迪为聒耳，有忧我而拂然者矣。以任劳庇护为平常，且有强我以事而怒耽者矣。眼前大恩，恬然罔识，况能推胎养之劳，襁哺之苦，弱质惊魂之痛者哉！

大不孝之所以习成者亦有四：一曰私财。财入吾手，便谓吾有，而在父母手，又谓吾得有之也。财足则忘亲，财乏则觊亲，求财不得则怨亲，亲不能自养而寄食吾财，则又厌亲，甚且以单父只子而争财啰唣者有矣，少长互推而弃亲不养者有矣。不知身谁之身，财谁之财，我不带一财来，而襁哺无缺，以至今日，谁之恩乎？二曰恋妻子。妻子习狎，而父母严重也，有美味钱财，欲以娱妻宠子，有佳会良辰，欲以携妻抱子，而思亲之念遂微也。不思子为我子，而我为谁子？亲念我，我不顾亲，使我子而如我，则亦何赖有子哉！夫妻固是乐事，然当呱呱待哺，便溺未知时，岂解恋妻，即妻能拥我生活耶？辛勤育我，指望有妇，得称成人，代劳贻燕[①]，乃有妇而亲反不得有子耶？三曰嫖荡。欲火正炽，客诱如狂，有倚闾伤心者不解也。家业浪费，妇姑勃谿[②]，有激聒诮让者不辨也。怀子不寐，风雨凄长夜之魂；垂白无欢，菽水冷半生之奉。吁嗟！狂兴几何，忍令有此。四曰争妒。天地之大也，人犹有憾，父母之于众子也，情岂无偏。乃攘臂争分，侧目夺宠，或兄弟而觿觽不平，或姊妹而计较纤悉。护短争长，分曹伐异，相谗蛊而家道暌，积嗔喜而孝情薄矣。此四者人之常情，而其流遂至于大不孝。

注释

①贻燕：《诗·大雅·文王有声》：“贻厥孙谋，以燕翼子。”贻，遗留；燕，安定。意为先辈使子孙安定。

②勃谿：争斗，争吵。

今世薄俗，深为可慨，罔识厥非。有父子异居者，亦有同居异爨者，独不思我之身，父母之身也，乃思分尔我、析匕箸，各食其食，各享其财，如路人然，可乎？不可。假使我当食时，亲犹未食，我能下咽否？夫妻以秦晋而同牢，父母属毛里而异视，此其颠倒悖理而不孝者也，世竟以为常然，且以为当然也乎。诗礼之家，往往有此，深可叹也。

有似孝而非孝者，父有过当几谏，有愆当克，盖若但知顺亲于情，而不知顺亲于理。或任其偏僻，而致戾于一家；或听其恣睢[①]，而取憎于乡里；或护其阴私，而得罪于天地：此成亲之恶者，乌得为孝！

注释

①恣睢：暴戾，狂妄。

有自谓孝而实非孝者，能服劳，能奉养，而有德色。在小姓人家，止此一室，父子朝夕团圞，即有言语之伤，寻即消释，反得真率尽情。乃有士人知书者，其于父或嫌其老，而称逸以安置之；或惮其腐，而托故以违离之；或见其识卑，而借理以衡压之：遂致日远日疏，相对话少，意色冷淡，尊而不亲，乌得为孝！

又有人见为孝而神见非孝者，生亦尽养，事亦承欢，而备物鲜情，绝无真乐，及死亡之日，衾棺尽美，哭踊随常，亦无真哀。觅地安葬，竭力费财，又为子孙谋荫，非为父母求安。此神目视之甚明者也。

又有一时称孝，而不能高千古，即能千古传孝，而不能满一心者。其人于前弊，一无所犯，于孝行无一不周，而未闻大道，修身尽性之事，尚有缺陷，终是堕落遗体，莫报亲恩。故德为圣人，孝斯称大，为人子者，急须自省。